Pooja Vats

Aventuras matemáticas-II

Pooja Vats

Aventuras matemáticas-II

Métodos de ensino inovadores para o nível primário-II

ScienciaScripts

Cover image: www.ingimage.com

This book is a translation from the original published under ISBN 978-620-7-48321-1.

Publisher:
Sciencia Scripts
is a trademark of
Dodo Books Indian Ocean Ltd. and OmniScriptum S.R.L publishing group

120 High Road, East Finchley, London, N2 9ED, United Kingdom
Str. Armeneasca 28/1, office 1, Chisinau MD-2012, Republic of Moldova, Europe
Printed at: see last page
ISBN: 978-620-7-69620-8

"Aventuras Matemáticas: Métodos de ensino inovadores para o nível primário-II"

Por

Dr. POOJA VATS

Universidade K.R. Mangalam, Gurugram, Haryana-122103, Índia

PREFÁCIO

No panorama da educação, em rápida evolução, o objetivo de inspirar as mentes jovens e cultivar o gosto pela aprendizagem é um desafio sempre presente. A matemática, em particular, apresenta frequentemente obstáculos únicos para os educadores que procuram envolver os alunos do ensino básico. Este livro, "Mathematical Adventures: Métodos de Ensino Inovadores para o Nível Primário", surge como um farol de luz no meio deste desafio, oferecendo um compêndio de estratégias inventivas, ideias práticas e anedotas inspiradoras para capacitar os educadores na sua nobre missão. Nestas páginas, os professores encontrarão um tesouro de ferramentas para desvendar as maravilhas da matemática, fomentando a curiosidade, a criatividade e a confiança em cada aluno. Ao embarcarmos juntos nesta viagem, que estes métodos inovadores acendam uma centelha de paixão pela matemática, transformando as salas de aula em centros vibrantes de exploração e descoberta.

Com gratidão,

Dr. Pooja Vats

Índice

Capítulo 9: Aprendizagem ao ar livre e experimental

- Actividades matemáticas baseadas na natureza

A integração de actividades baseadas na natureza no ensino da matemática constitui uma oportunidade única para os alunos do ensino básico explorarem conceitos matemáticos em contextos do mundo real, ao mesmo tempo que fomentam uma ligação mais profunda com o mundo natural. Ao envolverem-se com o ambiente que os rodeia, os alunos podem desenvolver competências de raciocínio matemático, capacidades de resolução de problemas e um apreço pela beleza e complexidade da matemática na natureza. Aqui estão várias actividades matemáticas baseadas na natureza para a sala de aula do ensino básico:

i. **Caça ao tesouro de geometria ao ar livre:** Leve os alunos numa caça ao tesouro de geometria ao ar livre para explorar formas e estruturas geométricas na natureza. Peça aos alunos que procurem exemplos de formas como triângulos, círculos e rectângulos no ambiente e registem as suas descobertas através de esboços ou fotografias. Incentive os alunos a identificar e classificar as formas com base nas suas propriedades e características.

ii. **Exploração de medidas:** Utilizar a natureza como contexto para actividades de medição, tais como estimar e comparar comprimentos, alturas e distâncias. Peça aos alunos que utilizem unidades não normalizadas, como folhas, galhos ou seixos, para medir objectos no ambiente natural e registem as suas medições num diário da natureza ou num gráfico de dados. Incentive os alunos a debater as suas descobertas e a estabelecer ligações entre conceitos de medição e aplicações no mundo real.

iii. **Investigação de padrões ao ar livre:** Convide os alunos a explorar padrões e sequências na natureza através da observação e investigação. Peça aos alunos que procurem padrões repetitivos em fenómenos naturais como o crescimento das plantas, o comportamento dos animais ou os padrões meteorológicos e que criem representações visuais dos padrões que observam utilizando desenhos, diagramas ou fotografias. Incentive os alunos a analisar e alargar os padrões, prevendo resultados futuros ou identificando regras matemáticas subjacentes.

iv. **Recolha de dados com base na natureza: Envolver** os alunos na recolha e análise de dados relacionados com o ambiente natural. Faça com que os alunos realizem inquéritos ou observações para recolher dados sobre temas como a diversidade vegetal, populações animais ou padrões climáticos e utilizem ferramentas matemáticas como tabelas de contagem, gráficos de barras ou gráficos de linhas para representar as suas descobertas. Incentive os alunos a interpretar e discutir os seus dados para tirar conclusões e estabelecer ligações com conceitos matemáticos.

v. **Exploração da simetria:** Explore a simetria na natureza, examinando padrões e estruturas simétricas, como flores, folhas e insectos. Peça aos alunos que identifiquem exemplos de simetria no ambiente natural e criem desenhos ou obras de arte simétricos inspirados nas suas observações. Incentive os alunos a explorar diferentes tipos de simetria, como a reflexão, a rotação e a translação, e discuta as propriedades matemáticas dos objectos simétricos.

vi. **Resolução de problemas com base na natureza:** Apresente aos alunos problemas ou desafios matemáticos inspirados na natureza e incentive-os a aplicar as suas capacidades de resolução de problemas para encontrar soluções. Por exemplo, peça aos alunos para calcularem a área de um canteiro de jardim, estimarem o volume de um tronco de árvore ou determinarem o ângulo de incidência da luz solar numa superfície. Incentive os alunos a utilizar ferramentas matemáticas como réguas, transferidores e calculadoras para os ajudar nos seus esforços de resolução de problemas.

vii. **Trilhos de matemática ao ar livre:** Crie trilhos matemáticos ou passeios na natureza que guiem os alunos através da exploração matemática em ambientes exteriores, como parques, jardins ou reservas naturais. Conceba actividades de trilhos que envolvam os alunos em tarefas matemáticas práticas, tais como medir a altura das árvores, estimar distâncias ou identificar formas geométricas no ambiente. Incentive os alunos a colaborar, comunicar e resolver problemas enquanto percorrem o trilho matemático em conjunto.

viii. **Integração da arte baseada na natureza:** Integre a arte e a matemática convidando os alunos a criar obras de arte inspiradas na natureza que incorporem conceitos matemáticos como a simetria, padrões e formas. Peça aos alunos que utilizem materiais naturais como folhas, paus ou pedras para criar desenhos geométricos, mandalas ou instalações de arte terrestre. Incentive os alunos a refletir sobre os princípios matemáticos subjacentes às suas obras de arte e discuta as ligações entre a arte e a matemática.

ix. **Jogos de matemática ao ar livre:** Jogue jogos de matemática ao ar livre que envolvam os alunos em experiências de aprendizagem activas e colaborativas. Por exemplo, jogue jogos como o "Bingo da Natureza", em que os alunos procuram objectos naturais ou padrões para fazer corresponder nos seus cartões de bingo, ou "Corridas de estafetas matemáticas", em que os alunos resolvem desafios matemáticos em diferentes estações ao longo de uma pista de corrida. Incentive os alunos a trabalhar em conjunto, a comunicar eficazmente e a aplicar os seus conhecimentos matemáticos de uma forma divertida e interactiva.

x. **Aprendizagem baseada em problemas e na natureza:** Facilite experiências de aprendizagem baseadas em problemas que envolvam os alunos em desafios matemáticos do mundo real inspirados na natureza. Apresente aos alunos problemas ou cenários autênticos, como a conceção de uma casa para pássaros com especificações geométricas específicas, o planeamento de um jardim para maximizar o crescimento das plantas ou o cálculo do volume de água num lago. Incentive os alunos a colaborar, investigar e aplicar os seus conhecimentos matemáticos para resolver o problema de forma criativa e eficaz.

- Visitas de estudo e exploração ao ar livre

As visitas de estudo e a exploração ao ar livre proporcionam oportunidades valiosas para os alunos do ensino básico participarem em experiências de aprendizagem práticas e experimentais que aprofundam a sua compreensão da matemática e ligam a aprendizagem na sala de aula ao mundo real. Ao mergulharem os alunos em ambientes naturais e culturais, os educadores podem fomentar a curiosidade, a exploração e a investigação, ao mesmo tempo que abordam conceitos e competências matemáticas em contextos autênticos. Eis várias formas de incorporar as visitas de estudo e a exploração ao ar livre no ensino da matemática:

i. **Centros naturais e parques:** Leve os alunos em visitas de estudo a centros naturais, parques ou jardins botânicos locais, onde podem explorar ambientes naturais e ecossistemas enquanto participam em actividades matemáticas. Peça aos alunos para medirem e registarem as dimensões das árvores, estimarem a área de lagos ou prados, ou identificarem formas geométricas em formações naturais como rochas ou flores.

ii. **Jardins botânicos e arboretos:** Visite jardins botânicos ou arboretos para explorar os princípios matemáticos subjacentes ao crescimento, padrões e simetria das plantas. Peça aos alunos que observem e desenhem diferentes tipos de folhas, flores e estruturas de plantas e discuta conceitos matemáticos como sequências de Fibonacci, padrões fractais e filotaxia.

iii. **Zoológicos e santuários de vida selvagem:** Organize visitas de estudo a jardins zoológicos ou santuários de vida selvagem onde os alunos possam observar e aprender sobre o comportamento, habitats e populações de animais. Faça com que os alunos recolham e analisem dados sobre tamanhos, pesos ou populações de animais e utilizem ferramentas matemáticas como tabelas, gráficos ou mapas para representar as suas descobertas.

iv. **Locais históricos e museus:** Visite locais históricos, museus ou marcos culturais que mostrem princípios matemáticos e aplicações na arquitetura, engenharia ou tecnologia. Faça com que os alunos explorem conceitos matemáticos como simetria, proporção e geometria em ruínas antigas, castelos medievais ou arranha-céus modernos e discuta as contribuições matemáticas de diferentes culturas e civilizações.

v. **Quintas e centros agrícolas:** Organize visitas de estudo a quintas ou centros agrícolas onde os alunos possam aprender conceitos matemáticos como a medição, a estimativa e a análise de dados no contexto da agricultura. Peça aos alunos para medirem as dimensões dos campos, estimarem o rendimento das colheitas ou calcularem distâncias utilizando a tecnologia GPS.

vi. **Centros de ciência e planetários:** Visite centros de ciência ou planetários que ofereçam exposições interactivas e programas relacionados com astronomia, física e raciocínio espacial. Faça com que os alunos explorem conceitos matemáticos como simetria, escala e proporção em exposições sobre exploração espacial, corpos celestes ou movimento planetário.

vii. **Praias e Habitats Costeiros:** Leve os alunos em visitas de estudo a praias ou habitats costeiros onde possam investigar conceitos matemáticos como medição, estimativa e recolha de dados no contexto de ambientes marinhos. Peça aos alunos para medirem a altura das marés, calcularem as taxas de erosão das praias ou recolherem dados sobre a biodiversidade marinha e a saúde dos ecossistemas.

viii. **Comunidades locais e ambientes urbanos:** Explore comunidades locais e ambientes urbanos para investigar conceitos matemáticos como raciocínio espacial, cartografia e planeamento urbano. Peça aos alunos para navegarem pelas ruas da cidade utilizando mapas ou dispositivos GPS, calcularem distâncias entre pontos de referência ou analisarem dados populacionais para compreenderem a demografia e as tendências urbanas.

ix. **Projectos de Botânica e Jardinagem: Envolva** os alunos em projectos de botânica e jardinagem que integrem conceitos matemáticos como a medição, a geometria e a análise de dados. Faça com que os alunos planeiem e concebam jardins, meçam o crescimento das plantas ao longo do tempo ou recolham dados sobre a composição do solo e os níveis de humidade para apoiar a saúde das plantas.

x. **Projectos de conservação ambiental: Colabore** com organizações ambientais locais ou grupos de conservação para organizar projectos de aprendizagem de serviço que envolvam os alunos em esforços de conservação ambiental enquanto abordam conceitos matemáticos como a recolha, análise e interpretação de dados. Faça com que os alunos participem em actividades como testes de qualidade da água, restauração de habitats ou monitorização da vida selvagem e utilizem competências matemáticas para apoiar a gestão ambiental.

- Experiências práticas e desafios ao ar livre

As experiências práticas e os desafios ao ar livre proporcionam aos alunos do ensino básico oportunidades interessantes para explorar conceitos matemáticos em ação e aplicar os seus conhecimentos em contextos do mundo real. Ao participarem em actividades práticas e desafios ao ar livre, os alunos podem desenvolver competências de resolução de problemas, capacidades de pensamento crítico e uma compreensão mais profunda dos princípios matemáticos. Aqui estão várias ideias para experiências práticas e desafios ao ar livre que integram a matemática no ensino primário:

i. **Olimpíadas de medição:** Organize umas "Olimpíadas da Medição" em que os alunos participem em desafios ao ar livre que envolvam medir e estimar distâncias, alturas, pesos e volumes, utilizando unidades não normalizadas como réguas, fitas métricas e balanças. Faça com que os alunos compitam em provas como o salto em comprimento, o salto em altura, o lançamento do peso e o lançamento do dardo e registe as suas medições para comparar e analisar o seu desempenho.

ii. **Caça ao tesouro geométrico:** Planear uma caça ao tesouro geométrica em que os alunos procuram formas geométricas, padrões e estruturas no ambiente exterior. Forneça aos alunos uma lista de objectos geométricos a encontrar, tais como quadrados, triângulos, círculos e rectângulos, e desafie-os a identificar e classificar as formas que descobrirem. Incentive os alunos a tirar fotografias ou a fazer esboços dos objectos geométricos que encontrarem e a partilhar as suas descobertas com a turma.

iii. **Trilhos matemáticos baseados na natureza:** Crie trilhos matemáticos ou passeios na natureza que guiem os alunos através da exploração matemática em ambientes exteriores como parques, jardins ou reservas naturais. Conceba actividades de trilhos que envolvam os alunos em tarefas matemáticas práticas, tais como medir a altura das árvores, estimar distâncias ou identificar formas geométricas no ambiente. Incentive os alunos a colaborar, comunicar e resolver problemas enquanto percorrem o trilho matemático em conjunto.

iv. **Geocaching ao ar livre:** Incorpore o geocaching no ensino da matemática, organizando caças ao tesouro ao ar livre que envolvam a utilização de dispositivos GPS ou smartphones para navegar para esconderijos escondidos que contenham desafios ou puzzles matemáticos. Faça com que os alunos trabalhem em equipas para resolver pistas matemáticas, localizar esconderijos e descobrir tesouros enquanto exploram ambientes exteriores como parques, trilhos ou parques infantis.

v. **Projectos de desenho de jardins:** Envolva os alunos em projectos de desenho de jardins onde aplicam conceitos matemáticos como a medida, a geometria e a escala para planear e criar jardins exteriores ou espaços verdes. Faça com que os alunos trabalhem em grupos para conceberem esquemas de jardins, calcularem medidas de área e perímetro e seleccionarem plantas adequadas com base nos requisitos de espaço e condições ambientais. Incentive os alunos a utilizar ferramentas matemáticas como réguas, papel milimétrico e modelos à escala para visualizar e planear os seus jardins.

vi. **Jogos de matemática ao ar livre:** Jogue jogos de matemática ao ar livre que envolvam os alunos em experiências de aprendizagem activas e colaborativas. Por exemplo, jogue jogos como "Math Tag", em que os alunos resolvem problemas de matemática para marcar os colegas, ou "Math Relay Races", em que os alunos competem em equipas para resolver desafios matemáticos em diferentes estações ao longo de um percurso de corrida. Incentive os alunos a trabalhar em conjunto, a comunicar eficazmente e a aplicar os seus conhecimentos matemáticos de uma forma divertida e interactiva.

vii. **Desafio de construção de barcos STEM:** Desafie os alunos a conceber e construir barcos utilizando materiais reciclados, como garrafas de plástico, cartão ou tabuleiros de espuma, e teste os seus barcos em fontes de água exteriores, como lagos, riachos ou piscinas insufláveis. Faça com que os alunos experimentem diferentes designs, formas e materiais de barcos e utilizem conceitos matemáticos como a flutuabilidade, o deslocamento e a área de superfície para otimizar o desempenho dos seus barcos.

viii. **Percursos de obstáculos matemáticos:** Crie percursos de obstáculos matemáticos ou percursos de desafio que incluam desafios matemáticos, puzzles e tarefas para os alunos completarem. Crie estações ao longo do percurso onde os alunos tenham de resolver problemas matemáticos, medir distâncias ou navegar por formas e estruturas geométricas para progredir no percurso. Incentive os alunos a trabalharem individualmente ou em equipas para ultrapassarem os obstáculos e alcançarem a meta.

ix. **Instalações artísticas de matemática ao ar livre:** Convide os alunos a criar instalações de arte matemática ao ar livre utilizando materiais naturais como pedras, paus, folhas e flores. Peça aos alunos para conceberem e construírem esculturas geométricas, padrões ou instalações de arte terrestre inspiradas em conceitos matemáticos como a simetria, a tesselação e os fractais. Incentive os alunos a colaborar, experimentar e expressar a sua criatividade enquanto exploram ideias matemáticas através da arte e da natureza.

x. **Desafios matemáticos de engenharia:** Apresente aos alunos desafios de engenharia que os obriguem a conceber, construir e testar estruturas ou dispositivos utilizando princípios matemáticos. Por exemplo, desafie os alunos a construir pontes, torres ou catapultas utilizando materiais como palhinhas, paus de gelado e elásticos, e teste a resistência, estabilidade e desempenho dos seus projectos em ambientes exteriores. Incentive os alunos a aplicar conceitos matemáticos como a medição, a geometria e a força para otimizar o design e a funcionalidade das suas criações de engenharia.

Capítulo 10: Cultivar a mentalidade matemática

- Mentalidade de crescimento vs. mentalidade fixa

Compreender a diferença entre uma mentalidade de crescimento e uma mentalidade fixa é crucial para promover um ambiente de aprendizagem positivo no ensino da matemática. Uma mentalidade de crescimento é a convicção de que a inteligência, as capacidades e as competências podem ser desenvolvidas através do esforço, da persistência e da aprendizagem com os erros. Em contrapartida, uma mentalidade fixa é a convicção de que a inteligência e as capacidades são características inatas que não podem ser alteradas, levando os indivíduos a evitar desafios, a desistir facilmente e a encarar os erros como fracassos. No contexto da educação matemática, a promoção de uma mentalidade de crescimento pode capacitar os alunos para aceitarem desafios, perseverarem face às dificuldades e desenvolverem resiliência e confiança nas suas capacidades matemáticas. Seguem-se várias estratégias para promover uma mentalidade de crescimento na sala de aula de matemática do ensino básico:

i. **Enfatizar o poder do "ainda":** Incentive os alunos a adotar uma mentalidade de "ainda", salientando que podem não compreender um conceito ou resolver um problema "ainda", mas com esforço e perseverança, podem melhorar e ter sucesso ao longo do tempo. Reforce a ideia de que a aprendizagem é uma viagem de crescimento e desenvolvimento, e que os contratempos e os erros são oportunidades de aprendizagem e melhoria.

ii. **Fornecer feedback específico e construtivo:** Ofereça um feedback específico e construtivo que se centre no esforço, progresso e estratégias dos alunos e não nas suas capacidades ou inteligência inatas. Elogie os alunos pelo seu trabalho árduo, perseverança e capacidade de resolução de problemas, e incentive-os a refletir sobre o seu processo de aprendizagem e a identificar áreas a melhorar.

iii. **Celebrar o esforço e o progresso: Celebrar os** esforços e progressos dos alunos em matemática, reconhecendo o seu trabalho árduo, persistência e realizações. Destaque exemplos de alunos que superaram desafios e fizeram melhorias através da sua dedicação e perseverança, e mostre os seus sucessos como inspiração para os outros.

iv. **Incentivar a tomada de riscos e os erros:** Crie um ambiente de aprendizagem seguro e de apoio onde os alunos se sintam à vontade para correr riscos, cometer erros e aprender com o fracasso. Incentive os alunos a aceitarem desafios, a experimentarem novas estratégias e a perseverarem perante as dificuldades, e assegure-lhes que os erros são uma parte natural do processo de aprendizagem.

v. **Promover uma linguagem de mentalidade de crescimento:** Utilize uma linguagem que promova uma mentalidade de crescimento e reforce a ideia de que a inteligência e as capacidades podem ser desenvolvidas através do esforço e da prática. Incentive os alunos a utilizar frases como "Ainda não consigo, mas estou a trabalhar nisso" ou "Os erros ajudam-me a aprender e a melhorar" para cultivar uma atitude positiva em relação à aprendizagem e ao crescimento.

vi. **Modelar uma mentalidade de crescimento: Ser um modelo de** mentalidade de crescimento como educador, demonstrando vontade de correr riscos, aprender com os erros e perseverar perante os desafios. Partilhe anedotas pessoais e exemplos de como ultrapassou obstáculos e continuou a crescer e a desenvolver-se ao longo do seu próprio percurso de aprendizagem.

vii. **Estabelecer objectivos realistas e realizáveis:** Ajude os alunos a estabelecer objectivos realistas e alcançáveis para a sua aprendizagem e crescimento matemático. Divida os objectivos maiores em tarefas e marcos mais pequenos e geríveis e encoraje os alunos a acompanharem o seu progresso, a celebrarem as suas conquistas e a ajustarem os seus objectivos conforme necessário, com base nas suas experiências de aprendizagem.

viii. **Incentivar a colaboração e o apoio:** Promover um ambiente de aprendizagem colaborativo onde os alunos se apoiam e encorajam mutuamente na sua aprendizagem matemática. Incentive a tutoria entre pares, a aprendizagem cooperativa e as actividades de resolução de problemas em grupo que promovam o trabalho em equipa, a comunicação e o apoio mútuo entre os alunos.

ix. **Proporcionar oportunidades de reflexão e crescimento:** Incentivar os alunos a refletir sobre as suas experiências de aprendizagem e a estabelecer objectivos de melhoria. Proporcionar oportunidades para os alunos avaliarem os seus pontos fortes e áreas de crescimento, identificarem estratégias para ultrapassar desafios e desenvolverem planos de ação para atingirem os seus objectivos de aprendizagem.

x. **Promover uma cultura de mentalidade positiva:** Criar uma cultura de mentalidade positiva na sala de aula, promovendo um sentimento de pertença, aceitação e respeito pela diversidade. Incentive os alunos a celebrarem os sucessos uns dos outros, a apoiarem-se mutuamente nos desafios e a cultivarem uma comunidade de alunos que acreditam na sua capacidade de aprender e crescer.

Ao promover uma mentalidade de crescimento na sala de aula de matemática do ensino básico, os educadores podem capacitar os alunos para desenvolverem uma atitude positiva em relação à aprendizagem, aceitarem desafios e perseverarem nas suas actividades matemáticas. Ao fomentar a crença no poder do esforço, da resiliência e da aprendizagem com os erros, os educadores podem ajudar os alunos a desenvolver a confiança, a motivação e as competências de que necessitam para serem bem sucedidos em matemática e não só. Através de instrução intencional, encorajamento e apoio, os educadores podem criar um ambiente de aprendizagem em que todos os alunos se sintam valorizados, capazes e capacitados para atingir o seu pleno potencial em matemática e na vida.

- Aceitar os erros e ultrapassar os desafios

Aceitar os erros e ultrapassar os desafios são componentes essenciais da promoção de uma mentalidade de crescimento na sala de aula de matemática do ensino básico. Ao encorajar os alunos a encarar os erros como oportunidades de aprendizagem e crescimento, os educadores podem capacitá-los a desenvolver resiliência, persistência e uma atitude positiva em relação à matemática. Eis algumas estratégias para aceitar os erros e ultrapassar os desafios no ensino da matemática:

i. **Normalizar os erros:** Criar uma cultura de sala de aula em que os erros sejam vistos como uma parte natural e valiosa do processo de aprendizagem. Incentive os alunos a partilharem os seus erros abertamente e sem receio de serem julgados, e sublinhe que todos cometem erros e que estes constituem oportunidades valiosas para aprender e melhorar.

ii. **Proporcionar uma avaliação centrada no feedback:** Ofereça práticas de avaliação centradas no feedback que dêem prioridade ao feedback construtivo em vez de notas ou classificações. Em vez de se concentrar apenas na correção, forneça feedback que realce os esforços, progressos e áreas de melhoria dos alunos e incentive-os a utilizar o feedback como um guia para uma maior aprendizagem e crescimento.

iii. **Modelar uma mentalidade de crescimento:** Dê o exemplo de uma mentalidade de crescimento como educador, reconhecendo abertamente e aprendendo com os seus próprios erros e desafios. Partilhe anedotas e exemplos de como ultrapassou obstáculos e continuou a crescer e a desenvolver a sua compreensão matemática, e demonstre vontade de correr riscos e experimentar novas estratégias no seu ensino.

iv. **Incentivar a assunção de riscos: Incentivar** os alunos a correr riscos e a experimentar novas abordagens para a resolução de problemas, mesmo que não tenham a certeza do resultado. Crie um ambiente de aprendizagem seguro e de apoio onde os alunos se sintam à vontade para experimentar diferentes estratégias, fazer conjecturas e explorar ideias matemáticas sem medo de falhar.

v. **Celebrar o esforço e o progresso:** Celebrar os esforços e progressos dos alunos em matemática, reconhecendo o seu trabalho árduo, persistência e resiliência face aos desafios. Destaque exemplos de alunos que perseveraram nas dificuldades e fizeram melhorias ao longo do tempo, e reconheça os seus sucessos como prova da sua mentalidade de crescimento.

vi. **Proporcionar oportunidades de reflexão:** Incorporar oportunidades regulares de reflexão no ensino da matemática, onde os alunos possam refletir sobre as suas experiências de aprendizagem, identificar os desafios que enfrentaram e definir estratégias para os ultrapassar. Incentivar os alunos a estabelecer objectivos de melhoria e a desenvolver planos de ação para alcançar as suas aspirações matemáticas.

vii. **Promover uma cultura de mentalidade de crescimento:** Fomentar uma cultura de mentalidade de crescimento na sala de aula, promovendo atitudes positivas em relação aos erros, aos desafios e à aprendizagem com o fracasso. Utilize uma linguagem que reforce a ideia de que a inteligência e as capacidades podem ser desenvolvidas através do esforço e da prática, e incentive os alunos a adotar frases como "Ainda não consigo" ou "Os erros ajudam-me a aprender" para cultivar uma mentalidade de crescimento.

viii. **Oferecer recursos de apoio e assistência: Fornecer aos** alunos recursos de apoio e assistência para ajudá-los a superar desafios e ter sucesso em matemática. Ofereça oportunidades adicionais de prática, apoio corretivo ou tutoria individual para os alunos que necessitem de ajuda extra e incentive os alunos a procurar ajuda de colegas, educadores ou pessoal de apoio, quando necessário.

ix. **Incentivar a colaboração e o apoio dos colegas:** Promover um ambiente de aprendizagem colaborativo onde os alunos se apoiam e encorajam mutuamente na sua aprendizagem matemática. Incentive a tutoria entre pares, a resolução cooperativa de problemas e as discussões em grupo, onde os alunos podem partilhar estratégias, debater soluções e oferecer apoio aos seus colegas.

x. **Destacar modelos e histórias de sucesso:** Partilhar histórias e exemplos de pessoas que superaram desafios e alcançaram sucesso na matemática, apesar de enfrentarem contratempos e obstáculos. Sublinhe a importância da perseverança, determinação e resiliência para atingir os objectivos e encoraje os alunos a inspirarem-se nestes modelos à medida que avançam no seu próprio percurso matemático.

- Fomentar o gosto pela matemática

Fomentar o gosto pela matemática é essencial para criar um ambiente de aprendizagem positivo e cativante na sala de aula do ensino básico. Quando os alunos desenvolvem uma apreciação e um entusiasmo genuínos pela matemática, é mais provável que se sintam motivados, confiantes e bem sucedidos no seu percurso de aprendizagem da matemática. Eis algumas estratégias para promover o gosto pela matemática no ensino primário:

i. **Tornar a Matemática Relevante e Significativa:** Ligar os conceitos matemáticos a contextos e aplicações do mundo real que sejam relevantes e significativos para a vida dos alunos. Mostrar aos alunos como a matemática é utilizada nas actividades diárias, profissões e situações de resolução de problemas, e realçar a importância da matemática na compreensão do mundo que os rodeia.

ii. **Promover a exploração e a investigação: Incentivar** os alunos a explorarem ideias matemáticas, a fazerem perguntas e a participarem em experiências de aprendizagem baseadas na investigação que promovam a curiosidade e a descoberta. Proporcionar oportunidades de exploração aberta, investigação e experimentação onde os alunos possam explorar conceitos matemáticos em profundidade e estabelecer ligações entre diferentes áreas da matemática.

iii. **Celebrar as realizações matemáticas:** Celebrar as conquistas e sucessos matemáticos dos alunos, reconhecendo os seus esforços, progressos e realizações. Reconheça os alunos pelo seu trabalho árduo, perseverança e criatividade em matemática e mostre as suas realizações através de exposições, apresentações ou cerimónias de entrega de prémios.

iv. **Proporcionar experiências de aprendizagem práticas e interactivas:** Ofereça experiências de aprendizagem práticas e interactivas que envolvam os alunos em actividades de aprendizagem activas e experimentais. Utilizar manipuladores, jogos, simulações e recursos multimédia para dar vida à matemática e proporcionar oportunidades para os alunos explorarem, experimentarem e interagirem com conceitos matemáticos de forma tangível e significativa.

v. **Criar um ambiente de aprendizagem positivo:** Cultivar um ambiente de aprendizagem positivo e de apoio onde os alunos se sintam valorizados, respeitados e encorajados a correr riscos e a desafiarem-se a si próprios na matemática. Fomentar um sentimento de pertença e de comunidade na sala de aula e promover uma mentalidade de crescimento que realce o esforço, a perseverança e a aprendizagem com os erros.

vi. **Incorporar actividades divertidas e criativas:** Integrar actividades divertidas e criativas no ensino da matemática que captem o interesse e a imaginação dos alunos. Utilize puzzles, jogos, enigmas, projectos artísticos e narração de histórias para tornar a matemática agradável e envolvente, e dê oportunidades aos alunos para expressarem a sua criatividade e individualidade através da exploração matemática.

vii. **Personalizar as experiências de aprendizagem:** Reconhecer e respeitar os diversos interesses, estilos de aprendizagem e capacidades dos alunos e proporcionar oportunidades para experiências de aprendizagem personalizadas que atendam às suas necessidades e preferências individuais. Ofereça escolha e autonomia nas tarefas e trabalhos matemáticos e encoraje os alunos a procurar tópicos e actividades que despertem a sua curiosidade e paixão pela matemática.

viii. **Incentivar a colaboração e a aprendizagem entre pares:** Promover um ambiente de aprendizagem colaborativa onde os alunos trabalhem em conjunto, partilhem ideias e se apoiem mutuamente na sua aprendizagem matemática. Incentive a tutoria entre pares, a resolução cooperativa de problemas e os projectos de grupo, onde os alunos podem aprender uns com os outros, colaborar em tarefas matemáticas e desenvolver competências sociais e de comunicação.

ix. **Ligar a Matemática a outras áreas disciplinares:** Integrar a matemática em todo o currículo, estabelecendo ligações com outras áreas disciplinares, como a ciência, a tecnologia, a engenharia, a arte e a literatura. Mostrar aos alunos como a matemática se cruza com outras disciplinas e como pode ser usada para resolver problemas do mundo real e enfrentar desafios globais.

x. **Ser Entusiasta e Apaixonado pela Matemática: Demonstrar** entusiasmo e paixão pela matemática como educador, expressando o seu próprio entusiasmo e amor pela disciplina. Partilhe os seus interesses pessoais, experiências e realizações em matemática e transmita um sentido de admiração e curiosidade que inspire os alunos a explorar e apreciar a beleza e complexidade da matemática.

Ao implementar estas estratégias, os educadores podem criar um ambiente de aprendizagem em que os alunos desenvolvam um amor genuíno pela matemática e se sintam motivados para se envolverem em experiências matemáticas significativas e agradáveis. Ao promover uma atitude positiva em relação à matemática, os educadores podem capacitar os alunos para se tornarem confiantes, aprendizes ao longo da vida que vêem a matemática como uma fonte de inspiração, criatividade e capacitação nas suas vidas.

Capítulo 11: Práticas inclusivas na educação matemática

- Apoio a alunos com necessidades diversas

Apoiar os alunos com necessidades diversas na sala de aula de matemática do ensino básico é essencial para criar um ambiente de aprendizagem inclusivo onde todos os alunos têm a oportunidade de ter sucesso. Quer os alunos tenham dificuldades de aprendizagem, aprendam a língua inglesa ou tenham outras necessidades especiais, é crucial fornecer instrução diferenciada, adaptações e apoio para satisfazer as suas necessidades individuais de aprendizagem. Aqui estão várias estratégias para apoiar os alunos com necessidades diversas no ensino da matemática:

i. **Diferenciar a instrução:** Diferenciar a instrução para satisfazer as diferentes necessidades, capacidades e estilos de aprendizagem dos alunos na sala de aula. Ofereça uma variedade de métodos de instrução, materiais e recursos para acomodar diferentes preferências de aprendizagem, tais como alunos visuais, auditivos, cinestésicos e tácteis. Proporcionar oportunidades de instrução em pequenos grupos, apoio individual e prática independente para responder eficazmente às necessidades individuais de aprendizagem.

ii. **Utilizar abordagens multissensoriais:** Incorporar abordagens multissensoriais no ensino da matemática para envolver os sentidos dos alunos e melhorar as experiências de aprendizagem. Utilizar manipuladores, modelos, diagramas e objectos do mundo real para tornar os conceitos matemáticos abstractos mais concretos e tangíveis. Proporcionar oportunidades de exploração prática, experimentação e descoberta que atraiam os alunos com necessidades de aprendizagem diversas.

iii. **Fornecer suportes visuais:** Utilize suportes visuais, tais como gráficos, diagramas, organizadores gráficos e ajudas visuais para reforçar os conceitos matemáticos e ajudar os alunos a organizar e processar a informação de forma mais eficaz. Utilize códigos de cores, destaques e dicas visuais para enfatizar ideias-chave e facilitar a compreensão de alunos com diversas necessidades de aprendizagem, incluindo alunos que aprendem inglês e alunos com deficiências visuais.

iv. **Oferecer apoio em andaimes:** Fornecer apoio em andaimes para ajudar os alunos a desenvolver os seus conhecimentos e competências existentes e aumentar gradualmente a sua independência em matemática. Divida as tarefas complexas em etapas mais pequenas e manejáveis e forneça prática guiada, modelos e feedback para apoiar os alunos à medida que trabalham para dominar os conceitos e competências matemáticas. Ajustar o nível de apoio com base nas necessidades e capacidades individuais dos alunos.

v. **Utilizar tecnologia de apoio:** Utilizar ferramentas e recursos de tecnologia de apoio para apoiar os alunos com necessidades diversas no acesso e participação em conteúdos matemáticos. Fornecer acesso a ferramentas como calculadoras, aplicações de manipulação matemática, leitores de ecrã, software de conversão de voz em texto e plataformas de aprendizagem adaptativas que podem ajudar os alunos a ultrapassar barreiras e a participar mais plenamente nas actividades de aprendizagem matemática.

vi. **Fornecer agrupamento flexível:** Implementar estratégias de agrupamento flexíveis que permitam aos alunos trabalhar em pequenos grupos, pares ou de forma independente, com base nas suas necessidades e preferências individuais. Ofereça oportunidades de aprendizagem em colaboração, tutoria entre pares e resolução cooperativa de problemas, onde os alunos possam apoiar-se e aprender uns com os outros num ambiente de apoio e inclusão.

vii. **Oferecer tempo e ritmo alargados: Proporcionar** aos alunos opções de tempo e ritmo alargados para acomodar as suas necessidades individuais de aprendizagem e assegurar que têm tempo suficiente para processar informação, completar tarefas e demonstrar a sua compreensão dos conceitos matemáticos. Permita que os alunos trabalhem ao seu próprio ritmo e dê tempo adicional para avaliações, tarefas e actividades, conforme necessário.

viii. **Fornecer apoio linguístico aos alunos de língua inglesa: Fornecer** apoio linguístico aos alunos de língua inglesa para os ajudar a aceder e a compreender os conteúdos matemáticos. Utilize uma linguagem clara e concisa, forneça apoios visuais e incorpore instrução de vocabulário e actividades de desenvolvimento da linguagem para apoiar a compreensão e comunicação dos alunos em matemática.

ix. **Construir relações e cultivar uma cultura positiva na sala de aula: Construir** relações positivas com os alunos e criar uma cultura de apoio e inclusão na sala de aula onde todos os alunos se sintam valorizados, respeitados e apoiados na sua aprendizagem matemática. Fomente um sentimento de pertença e aceitação, celebre a diversidade e promova uma mentalidade de crescimento que realce o esforço, a perseverança e a melhoria contínua.

x. **Colaborar com o pessoal do ensino especial e de apoio:** Colaborar com professores de educação especial, pessoal de apoio e outros profissionais para desenvolver e implementar planos de educação individualizados (IEPs), acomodações e intervenções para alunos com necessidades diversas. Trabalhar em conjunto para identificar os pontos fortes, os desafios e os objectivos de aprendizagem dos alunos e coordenar os serviços de apoio para garantir que todos os alunos recebem o apoio de que necessitam para serem bem sucedidos em matemática.

- Educação Matemática Multicultural

A educação matemática multicultural reconhece e celebra as diversas origens culturais, experiências e perspectivas dos alunos, ao mesmo tempo que promove a equidade, a inclusão e a justiça social na educação matemática. Ao incorporar as perspectivas multiculturais no ensino da matemática, os educadores podem ajudar os alunos a desenvolver uma compreensão mais profunda da relevância cultural e do significado da matemática e promover um sentimento de pertença e de capacitação na sala de aula de matemática. Seguem-se várias estratégias para implementar a educação matemática multicultural na sala de aula do ensino básico:

i. **Integrar contextos e exemplos culturais:** Integrar contextos culturais, exemplos e referências no ensino da matemática para tornar os conceitos matemáticos mais relevantes e significativos para os alunos de diversas origens culturais. Utilizar contextos culturalmente relevantes, tais como jogos tradicionais, celebrações, arte, música e comida, para ilustrar conceitos matemáticos e estratégias de resolução de problemas.

ii. **Explorar a etnomatemática: Explorar a** etnomatemática, que examina as raízes culturais e históricas dos conceitos e práticas matemáticas em diferentes culturas e sociedades. Apresentar aos alunos as tradições, técnicas e artefactos matemáticos de diversas culturas e explorar a forma como diferentes culturas desenvolveram abordagens únicas à resolução de problemas e ao raciocínio matemático.

iii. **Destacar as contribuições de matemáticos de origens diversas: Destacar** as contribuições de matemáticos de diversas origens, incluindo mulheres, pessoas de cor e indivíduos de grupos sub-representados, para a matemática e o seu desenvolvimento. Partilhar histórias, biografias e realizações de diversos matemáticos para inspirar os alunos e desafiar os estereótipos sobre quem pode ter sucesso na matemática.

iv. **Promover a colaboração e a comunicação interculturais:** Promover a colaboração e a comunicação interculturais na sala de aula de matemática, encorajando os alunos a partilhar e a comparar ideias, estratégias e perspectivas matemáticas das suas próprias origens culturais. Criar oportunidades para os alunos trabalharem em grupos diversificados, dialogarem e aprenderem com as percepções e experiências culturais uns dos outros.

v. **Incorporar Recursos Multilingues:** Incorporar recursos, materiais e apoios multilingues para acomodar os alunos que aprendem a língua inglesa ou que falam línguas diferentes do inglês em casa. Fornecer instruções traduzidas, listas de vocabulário e símbolos matemáticos nas línguas nativas dos alunos para apoiar a sua compreensão e participação em actividades matemáticas.

vi. **Abordar os estereótipos e preconceitos culturais:** Abordar estereótipos culturais, preconceitos e ideias erradas sobre a matemática e os matemáticos, promovendo o pensamento crítico e a reflexão. Envolver os alunos em debates sobre as formas como as crenças e atitudes culturais podem influenciar as percepções da matemática e contribuir para as desigualdades no acesso e no sucesso. Desafiar os estereótipos sobre as capacidades matemáticas e promover uma mentalidade de crescimento que realce o esforço, a perseverança e a convicção de que todos os alunos podem ser bem sucedidos em matemática.

vii. **Explorar padrões matemáticos na arte, música e literatura:** Explorar padrões matemáticos, estruturas e relações na arte, música, literatura e artefactos culturais de diversas culturas e períodos históricos. Usar exemplos de padrões matemáticos em formas de arte tradicionais, composições musicais, narração de histórias e literatura para ilustrar conceitos matemáticos como simetria, proporção e sequência, e para demonstrar a interligação da matemática com outras disciplinas e expressões culturais.

viii. **Celebrar a Diversidade Cultural na Matemática:** Celebrar a diversidade cultural na matemática através de eventos especiais, projectos e actividades que realcem a rica diversidade de tradições e práticas matemáticas em todo o mundo. Organizar feiras, festivais ou exposições multiculturais de matemática onde os alunos possam mostrar a sua herança cultural e explorar conceitos matemáticos através de artefactos culturais, actuações e exposições interactivas.

ix. **Colaborar com as famílias e as comunidades:** Colaborar com as famílias e as comunidades para apoiar as identidades culturais dos alunos, as suas experiências e a sua aprendizagem da matemática. Convidar as famílias a partilharem as suas tradições culturais, histórias e conhecimentos de matemática com a turma, e envolver membros da comunidade, organizações culturais e oradores convidados em iniciativas de educação matemática que celebrem a diversidade cultural e promovam a compreensão intercultural.

x. **Promover a justiça social e a equidade no ensino da matemática: Promover a** justiça social e a equidade no ensino da matemática, abordando as desigualdades sistémicas, os preconceitos e as barreiras ao acesso e ao sucesso. Defender políticas e práticas que apoiem a diversidade, a equidade e a inclusão no ensino da matemática e trabalhar no sentido de criar um currículo de matemática e um ambiente de aprendizagem que seja culturalmente recetivo, capacitante e acessível a todos os alunos.

- Ensino da matemática inclusivo em termos de género

O ensino da matemática com inclusão de género visa criar um ambiente de aprendizagem solidário e equitativo em que todos os alunos, independentemente da sua identidade de género, se sintam valorizados, respeitados e capacitados para se envolverem na aprendizagem da matemática. Ao desafiar os estereótipos e preconceitos tradicionais de género, os educadores podem promover a equidade de género no ensino da matemática e fomentar um sentimento de pertença e confiança entre todos os alunos. Seguem-se várias estratégias para implementar o ensino da matemática com inclusão de género na sala de aula do ensino básico:

i. **Desafiar os estereótipos de género: Desafiar os** estereótipos tradicionais de género e os preconceitos sobre a matemática e as capacidades matemáticas, promovendo uma mentalidade de crescimento que realce o esforço, a perseverança e a convicção de que todos os alunos podem ser bem sucedidos em matemática.

Incentivar os alunos a desafiar os estereótipos e preconceitos de género sobre quem é "bom" em matemática e quem não é, e promover uma cultura de inclusão e aceitação em que todos os alunos se sintam valorizados e respeitados pelas suas forças e capacidades únicas.

ii. **Fornecer materiais didácticos neutros em termos de género: Fornecer** materiais de aprendizagem, exemplos e recursos neutros em termos de género no ensino da matemática para garantir que todos os alunos se sintam representados e incluídos no currículo. Utilizar linguagem, imagens e exemplos neutros em termos de género que reflictam uma gama diversificada de experiências e perspectivas e evitar reforçar estereótipos ou preconceitos de género em contextos matemáticos.

iii. **Ofereça modelos diversificados:** Dê destaque a diversos modelos e representações de matemáticos, cientistas, engenheiros e outros profissionais STEM que desafiam as normas e estereótipos tradicionais de género. Partilhe histórias, biografias e realizações de mulheres, pessoas de cor e indivíduos de grupos sub-representados na matemática para inspirar os alunos e desafiar os estereótipos sobre quem pode ter sucesso nas áreas STEM

iv. **Promover a colaboração e a equidade:** Promover ambientes de aprendizagem colaborativos que fomentem a cooperação, o trabalho de equipa e o apoio mútuo entre todos os alunos, independentemente da identidade de género. Incentivar os alunos a trabalharem em grupos mistos, a participarem em actividades cooperativas de resolução de problemas e a partilharem as suas ideias e perspectivas de forma inclusiva e respeitosa.

v. **Abordar preconceitos implícitos:** Abordar preconceitos implícitos e suposições sobre o género e a matemática que possam influenciar as práticas de ensino e as interacções com os alunos. Ter em atenção a linguagem, o feedback e as expectativas utilizadas na interação com os alunos e evitar reforçar estereótipos ou preconceitos que possam contribuir para desigualdades nos resultados da aprendizagem.

vi. **Oferecer escolha e autonomia: Ofereça** aos alunos escolha e autonomia na sua aprendizagem matemática, proporcionando oportunidades de investigação, exploração e resolução de problemas auto-dirigidos. Permita que os alunos escolham tópicos, projectos ou actividades que lhes interessem e que estejam de acordo com os seus pontos fortes, interesses e estilos de aprendizagem individuais, e forneça apoio e orientação conforme necessário para facilitar a sua aprendizagem.

vii. **Fomentar a confiança e a auto-eficácia: Fomentar a confiança e** a auto-eficácia em matemática, proporcionando oportunidades para os alunos experimentarem o sucesso, assumirem riscos e criarem resiliência na sua aprendizagem matemática. Incentivar os alunos a estabelecer objectivos, acompanhar o seu progresso e celebrar as suas realizações, e fornecer reforço positivo e encorajamento para ajudar os alunos a desenvolver um sentido de confiança e competência em matemática.

viii. **Proporcionar oportunidades equitativas:** Proporcionar oportunidades equitativas a todos os alunos para participarem em iniciativas de educação matemática, concursos e actividades extracurriculares. Assegurar que os alunos de todos os géneros têm acesso a recursos, apoio e incentivo para prosseguirem os seus interesses e talentos em matemática, e desafiar as barreiras e preconceitos sistémicos que possam limitar as oportunidades de alguns alunos com base na identidade de género.

ix. **Incentivar o pensamento crítico e a reflexão:** Incentivar o pensamento crítico e a reflexão sobre questões de equidade de género e justiça social na educação matemática. Envolver os alunos em debates sobre as formas como os estereótipos, preconceitos e desigualdades de género se manifestam na sociedade e têm impacto no acesso e participação na aprendizagem da matemática. Incentivar os alunos a analisar criticamente as representações dos meios de comunicação social, as políticas educativas e as normas sociais que perpetuam os estereótipos e preconceitos de género, e capacitá-los para defender a equidade de género e a inclusão na educação matemática.

x. **Colaborar com as famílias e as comunidades:** Colaborar com as famílias, os prestadores de cuidados e as comunidades para apoiar o ensino e a aprendizagem da matemática com inclusão do género. Envolver os pais e encarregados de educação em debates sobre equidade de género e inclusão na educação matemática e fornecer recursos e apoio às famílias para promover atitudes positivas em relação à matemática e desafiar estereótipos e preconceitos em casa. Estabelecer parcerias com organizações comunitárias, profissionais STEM e modelos de referência para proporcionar aos alunos diversas oportunidades e experiências em matemática que reflictam os seus interesses, talentos e aspirações.

Ao implementar estas estratégias, os educadores podem criar uma sala de aula de matemática inclusiva em termos de género, onde todos os alunos se sintam valorizados, respeitados e capacitados para o sucesso. Ao desafiar os estereótipos e preconceitos tradicionais de género, promovendo uma mentalidade de crescimento e fomentando um ambiente de aprendizagem solidário e inclusivo, os educadores podem ajudar os alunos a desenvolver a confiança, a competência e o entusiasmo necessários para se envolverem na matemática e prosseguirem os seus interesses e aspirações nas áreas STEM. Através de instrução intencional, colaboração e defesa, os educadores podem criar uma sala de aula de matemática que promova a equidade de género, celebre a diversidade e capacite todos os alunos para atingirem todo o seu potencial em matemática e não só.

Capítulo 12: Desenvolvimento profissional e apoio aos professores

- Aprendizagem e reflexão contínuas

A aprendizagem e a reflexão contínuas são componentes essenciais de uma prática pedagógica eficaz no domínio da matemática. Os educadores devem esforçar-se continuamente por melhorar os seus conhecimentos, competências e estratégias de ensino para satisfazer as diversas necessidades dos seus alunos e promover um ensino da matemática equitativo e inclusivo. Eis algumas estratégias para promover a aprendizagem contínua e a reflexão no ensino da matemática:

i. **Oportunidades de desenvolvimento profissional:** Participe em oportunidades de desenvolvimento profissional contínuo para aprofundar a sua compreensão do conteúdo matemático, pedagogia e melhores práticas no ensino da matemática. Participe em workshops, conferências, webinars e comunidades de aprendizagem profissional centradas no ensino da matemática para se manter informado sobre a investigação, tendências e inovações actuais neste domínio.

ii. **Comunidades de Aprendizagem Colaborativa:** Participar em comunidades de aprendizagem colaborativa com colegas, mentores e outros educadores para partilhar ideias, recursos e experiências relacionadas com o ensino e a aprendizagem da matemática. Colaborar no planeamento de aulas, desenvolvimento curricular e estratégias de ensino, e participar na observação, feedback e reflexão entre pares para apoiar a melhoria contínua.

iii. **Prática Reflexiva:** Refletir regularmente sobre a sua prática de ensino para avaliar os pontos fortes, as áreas de crescimento e as oportunidades de melhoria. Refletir sobre aulas, unidades ou projectos individuais para avaliar os resultados da aprendizagem dos alunos, a eficácia do ensino e as áreas de desafio ou sucesso, e identificar estratégias de aperfeiçoamento e melhoria.

iv. **Investigação-ação:** Conduzir projectos de investigação-ação para investigar questões ou desafios relacionados com o ensino e a aprendizagem da matemática na sua sala de aula. Conceba e implemente intervenções, estratégias ou abordagens de ensino baseadas na investigação, recolha e analise dados sobre a aprendizagem e o envolvimento dos alunos e utilize os resultados para informar e melhorar a sua prática de ensino.

v. **Procurar feedback:** Procure obter feedback de alunos, colegas, administradores e outros interessados sobre a sua prática de ensino da matemática. Convide-os a darem o seu contributo sobre os métodos de ensino, estratégias de gestão da sala de aula e conceção do currículo, e utilize o feedback para identificar áreas de força e áreas de crescimento na sua prática de ensino.

vi. **Mantenha-se informado sobre a equidade e a inclusão:** Mantenha-se informado sobre questões de equidade e inclusão no ensino da matemática e reflicta sobre como a sua prática de ensino pode promover o acesso, a equidade e a justiça social para todos os alunos. Considere como os seus materiais didácticos, avaliações e práticas de sala de aula podem inadvertidamente perpetuar preconceitos ou estereótipos e procure criar um ambiente de aprendizagem que seja inclusivo e apoie diversos alunos.

vii. **Usar dados para informar a instrução: Utilizar** dados de avaliação formativa e sumativa para informar o seu ensino da matemática e tomar decisões baseadas em dados sobre o planeamento, diferenciação e intervenção do ensino. Monitorize o progresso dos alunos, identifique áreas de desafio ou equívocos e ajuste as suas estratégias de ensino em conformidade para apoiar a aprendizagem e os resultados dos alunos.

viii. **Mantenha-se atualizado com a tecnologia:** Mantenha-se atualizado com as ferramentas e recursos tecnológicos que podem melhorar o ensino e a aprendizagem da matemática. Explore plataformas digitais, aplicações educativas, software de quadro interativo e recursos online que apoiam o ensino da matemática e integre a tecnologia na sua prática de ensino para envolver os alunos, facilitar a diferenciação e promover uma compreensão concetual mais profunda.

ix. **Participar em redes de aprendizagem profissional: Participar** em redes de aprendizagem profissional (PLN) e comunidades em linha centradas na educação matemática para estabelecer contactos com educadores de todo o mundo, partilhar ideias e recursos e participar em debates sobre temas e tendências actuais no ensino e aprendizagem da matemática. Contribua para fóruns em linha, blogues e plataformas de redes sociais para partilhar os seus conhecimentos, procurar aconselhamento e colaborar com colegas em iniciativas de educação matemática.

x. **Estabelecer objectivos de crescimento profissional: Estabelecer** objectivos para o crescimento e desenvolvimento profissional no ensino da matemática e comprometer-se com o autoaperfeiçoamento contínuo e a aprendizagem ao longo da vida. Estabeleça objectivos a curto e a longo prazo relacionados com o conhecimento do conteúdo, as competências pedagógicas, o envolvimento dos alunos, a equidade e a inclusão, e avalie regularmente o progresso no sentido de atingir os seus objectivos através da reflexão e da autoavaliação.

Ao adoptarem a aprendizagem e a reflexão contínuas no ensino da matemática, os educadores podem aumentar a sua eficácia, promover a aprendizagem e o sucesso dos alunos e criar um ambiente de aprendizagem solidário e inclusivo onde todos os alunos têm a oportunidade de ter sucesso na matemática. Através do desenvolvimento profissional contínuo, da colaboração e da reflexão, os educadores podem manter-se informados sobre a investigação atual e as melhores práticas no ensino da matemática e esforçar-se continuamente por melhorar a sua prática de ensino para satisfazer as diversas necessidades dos seus alunos.

- Comunidades de Prática Colaborativa

As comunidades de prática colaborativa são estruturas poderosas para o crescimento e desenvolvimento profissional no ensino da matemática. Estas comunidades reúnem educadores com interesses, objectivos e desafios comuns para se envolverem em aprendizagem, reflexão e investigação colaborativas. Ao participar em comunidades de prática colaborativa, os educadores podem partilhar conhecimentos, trocar ideias e apoiar-se mutuamente nos seus esforços para melhorar o ensino e a aprendizagem da matemática. Seguem-se várias características e estratégias chave para promover comunidades de prática colaborativas no ensino da matemática:

i. **Propósito e objectivos partilhados:** Estabelecer uma finalidade partilhada e objectivos comuns para a comunidade de prática colaborativa, tais como melhorar o ensino da matemática, aumentar os resultados dos alunos ou promover a equidade e a inclusão no ensino da matemática. Definir as áreas de foco, os objectivos e os resultados desejados da comunidade para orientar as suas actividades e iniciativas.

ii. **Participação inclusiva:** Assegurar que a comunidade de prática colaborativa seja inclusiva e acolhedora para todos os educadores interessados em participar, independentemente do seu nível de experiência, formação ou papel na educação matemática. Incentivar perspectivas e vozes diversas para enriquecer os debates, promover a inovação e fomentar a aprendizagem colectiva.

iii. **Reuniões regulares e comunicação:** Agendar reuniões regulares, debates e canais de comunicação para que os membros da comunidade colaborativa se liguem, partilhem ideias e colaborem em projectos e iniciativas. Utilizar reuniões presenciais, plataformas virtuais, correio eletrónico e redes sociais para facilitar a comunicação e a colaboração entre os membros.

iv. **Inquérito e reflexão estruturados:** Envolver-se em actividades estruturadas de investigação e reflexão para explorar tópicos de interesse, enfrentar desafios e aprofundar a compreensão do ensino e da aprendizagem da matemática. Utilizar protocolos, estruturas e questões orientadoras para facilitar debates, análises e reflexões significativas sobre as práticas de ensino e os resultados dos alunos.

v. **Observação e feedback dos pares:** Promover uma cultura de observação e feedback entre pares no seio da comunidade de prática colaborativa, onde os educadores podem observar as práticas de ensino uns dos outros, dar feedback construtivo e oferecer apoio e encorajamento para o crescimento e melhoria. Utilizar protocolos e directrizes para assegurar que as observações são respeitosas, não avaliativas e centradas na aprendizagem profissional.

vi. **Partilha de recursos e conhecimentos:** Facilitar a partilha de recursos, materiais e conhecimentos entre os membros da comunidade de prática colaborativa para apoiar o ensino e a aprendizagem da matemática. Partilhar planos de aulas, estratégias de ensino, ferramentas de avaliação e oportunidades de desenvolvimento profissional que tenham sido bem sucedidas no apoio à aprendizagem e envolvimento dos alunos.

vii. **Projectos de investigação e investigação-ação:** Colaborar em projectos de investigação e investigação-ação para investigar questões ou desafios relacionados com o ensino e a aprendizagem da matemática na sala de aula. Conceber e implementar intervenções baseadas na investigação, recolher e analisar dados sobre os resultados dos alunos e partilhar resultados e ideias com a comunidade em geral para contribuir para o conhecimento e compreensão colectivos.

v iii. **Oportunidades de aprendizagem profissional:** Proporcionar oportunidades de aprendizagem e desenvolvimento profissional no âmbito da comunidade de prática colaborativa, tais como workshops, seminários, oradores convidados e grupos de estudo centrados na educação matemática. Convidar peritos externos, investigadores e profissionais para partilharem os seus conhecimentos e ideias sobre temas e tendências relevantes no ensino e aprendizagem da matemática.

ix. **Liderança de apoio e facilitação:** Proporcionar liderança de apoio e facilitação para orientar as actividades e iniciativas da comunidade de prática colaborativa. Facilitar debates significativos, promover a participação ativa e incentivar a colaboração e a tomada de decisões partilhadas entre os membros para maximizar o impacto e a eficácia da comunidade.

x. **Avaliação e reflexão sobre o impacto:** Avaliar o impacto e a eficácia da comunidade de prática colaborativa no ensino da matemática e nos resultados da aprendizagem. Recolher feedback dos membros, avaliar o progresso em relação às metas e objectivos e refletir sobre os sucessos, desafios e áreas de melhoria para informar o planeamento e iniciativas futuras.

Ao promover comunidades de prática colaborativas no ensino da matemática, os educadores podem aproveitar os conhecimentos colectivos, a experiência e a criatividade da comunidade para melhorar o ensino e a aprendizagem da matemática para todos os alunos. Através da colaboração, investigação e reflexão contínuas, os educadores podem melhorar continuamente a sua prática, enfrentar desafios e promover a equidade e a excelência no ensino da matemática.

- Recursos para o crescimento profissional contínuo

O crescimento profissional contínuo é essencial para que os educadores matemáticos se mantenham informados sobre a investigação atual, as melhores práticas e as inovações no ensino e na aprendizagem. Aqui estão vários recursos que os educadores podem utilizar para um crescimento profissional contínuo no ensino da matemática:

i. **Workshops e conferências de desenvolvimento profissional:** Participar em workshops, seminários e conferências sobre educação matemática. Estes eventos oferecem oportunidades para aprender com especialistas na área, explorar novas estratégias de ensino e estabelecer contactos com outros educadores.

ii. **Cursos e seminários Web em linha:** Inscreva-se em cursos online e webinars oferecidos por universidades, organizações profissionais e plataformas educativas. Estes cursos abrangem uma vasta gama de tópicos em educação matemática e permitem aos educadores aprender ao seu próprio ritmo a partir de qualquer lugar com uma ligação à Internet.

iii. **Revistas e publicações sobre educação:** Subscreva revistas e publicações educativas que se centram no ensino da matemática, tais como "Mathematics Teacher", "Teaching Children Mathematics" e "Journal for Research in Mathematics Education". Estas publicações fornecem informações sobre a investigação atual, tendências e melhores práticas neste domínio.

iv. **Comunidades de Aprendizagem Profissional (PLCs):** Junte-se ou forme uma comunidade de aprendizagem profissional com colegas que partilham um interesse na educação matemática. As PLCs oferecem oportunidades de aprendizagem em colaboração, apoio de pares e partilha de recursos e ideias.

v. **Fóruns e grupos de discussão em linha:** Participar em fóruns em linha e grupos de discussão dedicados ao ensino da matemática. Plataformas como a comunidade do Conselho Nacional de Professores de Matemática (NCTM) e a comunidade de Ensino e Aprendizagem da Matemática em plataformas como o Reddit oferecem espaços para os educadores colocarem questões, partilharem experiências e participarem em debates com os seus pares.

vi. **Blogues e podcasts sobre educação:** Siga os blogues e podcasts educativos que se centram no ensino da matemática. Estes recursos incluem muitas vezes entrevistas com especialistas, conhecimentos sobre práticas de sala de aula e debates sobre questões e tendências actuais no ensino e aprendizagem da matemática.

vii. **Livros de desenvolvimento profissional:** Leia livros de desenvolvimento profissional sobre educação matemática, tais como "Visible Learning for Mathematics" de John Hattie, "Teaching Mathematics Meaningfully" de Thomas Koballa, e "Mathematical Mindsets" de Jo Boaler. Estes livros oferecem ideias baseadas na investigação, estratégias práticas e histórias inspiradoras para apoiar os educadores no seu crescimento profissional.

v iii. **Vídeos educativos e Ted Talks:** Ver vídeos educativos e Ted Talks relacionados com o ensino da matemática. Plataformas como o TED-Ed, a Khan Academy e o YouTube oferecem uma grande variedade de vídeos sobre tópicos de matemática, estratégias de ensino e palestras inspiradoras de especialistas na área.

ix. **Sítios Web de recursos e repositórios em linha:** Explore sítios Web de recursos e repositórios online que oferecem materiais gratuitos, planos de aulas, actividades e ferramentas para o ensino da matemática. Websites como Illuminations, Mathwire e NCTM Illuminations fornecem uma vasta gama de recursos para educadores de todos os níveis de ensino.

x. **Redes sociais:** Siga educadores de matemática, organizações e hashtags em plataformas de redes sociais como o Twitter, Facebook e Instagram para ficar a par das últimas notícias, recursos e conversas sobre educação matemática. Participe em debates, partilhe ideias e colabore com colegas de todo o mundo.

Ao utilizar estes recursos para o crescimento profissional contínuo, os educadores matemáticos podem manter-se informados, inspirados e capacitados para melhorar a sua prática de ensino e promover o sucesso dos alunos em matemática. Através da aprendizagem contínua, reflexão e colaboração, os educadores podem contribuir para o avanço da educação matemática e ter um impacto positivo nas experiências de aprendizagem dos seus alunos.

Capítulo 13: Estudos de caso e histórias de sucesso

- Exemplos de ensino inovador da matemática em ação

O ensino inovador da matemática implica a implementação de estratégias de ensino criativas e eficazes que envolvam os alunos, promovam uma compreensão profunda e fomentem o gosto pela matemática. Eis alguns exemplos de ensino inovador da matemática em ação:

i. **Jogos e desafios matemáticos:** Integrar jogos e desafios matemáticos nas aulas para tornar a aprendizagem interactiva e agradável. Por exemplo, os professores podem utilizar jogos de tabuleiro, jogos de cartas ou jogos digitais de matemática para reforçar conceitos como o sentido de número, as operações e a capacidade de resolução de problemas.

ii. **Aprendizagem baseada em projectos:** Implemente actividades de aprendizagem com base em projectos em que os alunos trabalhem em projectos do mundo real que exijam raciocínio matemático e resolução de problemas. Por exemplo, os alunos podem conceber e construir modelos à escala, realizar inquéritos e analisar dados, ou criar apresentações multimédia para demonstrar a sua compreensão dos conceitos matemáticos em contexto.

iii. **Investigação e Exploração Matemática:** Fomentar o inquérito e a exploração matemáticos, proporcionando oportunidades para a resolução de problemas e investigação em aberto. Os professores podem colocar questões ou desafios abertos e encorajar os alunos a explorar múltiplas estratégias, fazer conjecturas e justificar o seu raciocínio através do discurso matemático.

iv. **Manipulativos e ajudas visuais:** Utilize manipuladores, modelos e ajudas visuais para tornar os conceitos matemáticos abstractos mais concretos e acessíveis. Por exemplo, os professores podem utilizar blocos de base dez, barras de fracções ou formas geométricas para ajudar os alunos a visualizar e a compreender conceitos matemáticos como o valor posicional, as fracções e a geometria.

v. **Integração da tecnologia:** Integrar ferramentas e recursos tecnológicos no ensino da matemática para melhorar as experiências de aprendizagem e facilitar a exploração e a descoberta. Os professores podem utilizar quadros interactivos, aplicações educativas, simulações e recursos online para envolver os alunos em actividades práticas, manipuladores virtuais e apresentações multimédia.

vi. **Discurso matemático e colaboração:** Promover o discurso matemático e a colaboração na sala de aula, proporcionando oportunidades para os alunos se envolverem em discussões matemáticas ricas, partilharem o seu pensamento e colaborarem em tarefas de resolução de problemas. Os professores podem facilitar os debates utilizando estratégias como pensar-em-partilha, trabalho de grupo colaborativo ou perguntas socráticas.

vii. **Ligações inter-curriculares:** Estabelecer ligações inter-curriculares integrando a matemática com outras áreas disciplinares, como a ciência, a arte, a música ou a literatura. Por exemplo, os professores podem explorar conceitos matemáticos através de experiências científicas práticas, projectos de arte geométrica ou padrões matemáticos na música e na poesia.

viii. **Instrução diferenciada:** Diferenciar a instrução para ir ao encontro das diversas necessidades e interesses dos alunos, fornecendo múltiplos caminhos para a aprendizagem e oportunidades de escolha e autonomia. Os professores podem oferecer uma variedade de abordagens de instrução, materiais e recursos para acomodar diferentes estilos de aprendizagem, capacidades e interesses.

ix. **Aplicações do mundo real e resolução de problemas:** Ligar a matemática a aplicações do mundo real e a contextos de resolução de problemas para tornar a aprendizagem relevante e significativa para os alunos. Os professores podem usar problemas e cenários autênticos da vida quotidiana, carreiras ou eventos actuais para envolver os alunos na aplicação de conceitos e competências matemáticas para resolver desafios do mundo real.

x. **Ambientes de aprendizagem centrados no aluno:** Criar ambientes de aprendizagem centrados no aluno, onde os alunos se apropriem da sua aprendizagem e participem ativamente no processo de aprendizagem. Os professores podem capacitar os alunos para estabelecerem objectivos, explorarem os seus interesses e procurarem experiências de aprendizagem baseadas na investigação que fomentem a curiosidade, a criatividade e o pensamento crítico.

Estes exemplos ilustram como as práticas inovadoras de ensino da matemática podem transformar as salas de aula tradicionais em ambientes de aprendizagem dinâmicos, onde os alunos estão ativamente empenhados, motivados e capacitados para serem bem sucedidos em matemática. Ao adotar estratégias e abordagens de ensino inovadoras, os educadores podem inspirar um gosto pela matemática para toda a vida e dotar os alunos dos conhecimentos, competências e confiança necessários para se destacarem na matemática e não só.

- Ideias de professores e educadores

As opiniões de professores e educadores fornecem perspectivas valiosas sobre práticas e estratégias eficazes de ensino da matemática. Aqui estão algumas ideias partilhadas por educadores:

i. **Abordagem centrada no aluno:** Muitos educadores salientam a importância de adotar uma abordagem centrada no aluno para o ensino da matemática. Salientam a necessidade de se concentrar nas necessidades individuais, interesses e estilos de aprendizagem dos alunos e de criar oportunidades para um envolvimento ativo, investigação e exploração na aprendizagem da matemática.

ii. **Diferenciação e Personalização:** Os educadores salientam a importância de diferenciar a instrução e personalizar as experiências de aprendizagem para satisfazer as diversas necessidades e capacidades dos alunos. Salientam a necessidade de fornecer múltiplos caminhos para a aprendizagem, oferecer escolha e autonomia e apoiar os alunos à medida que se envolvem na aprendizagem da matemática.

iii. **Aprendizagem baseada na investigação:** Os educadores defendem abordagens de aprendizagem baseadas na investigação que incentivam os alunos a colocar questões, a explorar conceitos matemáticos e a estabelecer ligações entre ideias matemáticas e contextos do mundo real. Salientam a importância de fomentar a curiosidade, a criatividade e o pensamento crítico no ensino da matemática.

iv. **Comunidades de Aprendizagem Colaborativa:** Muitos educadores destacam o valor das comunidades de aprendizagem colaborativa, tais como comunidades de aprendizagem profissional (PLCs) ou comunidades de prática, para apoiar o crescimento e desenvolvimento profissional no ensino da matemática. Salientam a importância de partilhar ideias, recursos e experiências com colegas e de se envolverem em investigação e reflexão colaborativas.

v. **Integração da tecnologia:** Os educadores reconhecem o potencial da tecnologia para melhorar as experiências de ensino e aprendizagem da matemática. Salientam a importância da integração de ferramentas e recursos tecnológicos no ensino para envolver os alunos, facilitar a exploração e a descoberta e proporcionar o acesso a experiências de aprendizagem interactivas e personalizadas.

vi. **Ensino Culturalmente Responsivo:** Os educadores salientam a importância de práticas de ensino culturalmente responsivas que honrem e respeitem as diversas origens culturais, experiências e perspectivas dos alunos. Salientam a necessidade de incorporar exemplos, contextos e recursos culturalmente relevantes no ensino da matemática para tornar a aprendizagem significativa e acessível a todos os alunos.

vii. **Avaliação para a aprendizagem:** Os educadores sublinham a importância da utilização de uma variedade de estratégias de avaliação, incluindo a avaliação formativa, para monitorizar o progresso dos alunos, identificar áreas de força e crescimento e informar a tomada de decisões de instrução. Salientam a importância de fornecer feedback atempado e construtivo aos alunos para apoiar a sua aprendizagem e crescimento em matemática.

viii. **Promoção da mentalidade de crescimento:** Os educadores defendem a promoção de uma mentalidade de crescimento no ensino da matemática, em que os alunos são encorajados a aceitar desafios, a persistir perante os obstáculos e a encarar os erros como oportunidades de aprendizagem e crescimento. Salientam a importância de fomentar um ambiente de aprendizagem positivo e de apoio, em que os alunos se sintam capazes de correr riscos e aprender com as suas experiências.

ix. **Equidade e Inclusão:** Os educadores salientam a importância de promover a equidade e a inclusão no ensino da matemática para garantir que todos os alunos tenham acesso a experiências de aprendizagem de alta qualidade e a oportunidades de sucesso. Salientam a necessidade de abordar as barreiras e preconceitos sistémicos, defender políticas e práticas equitativas e criar ambientes de aprendizagem inclusivos onde todos os alunos se sintam valorizados, respeitados e apoiados na sua aprendizagem matemática.

x. **Aprendizagem ao longo da vida e reflexão:** Finalmente, os educadores salientam a importância da aprendizagem ao longo da vida e da reflexão no ensino da matemática. Salientam a necessidade de os educadores procurarem continuamente oportunidades de desenvolvimento profissional, manterem-se informados sobre a investigação atual e as melhores práticas no ensino da matemática e reflectirem regularmente sobre a sua prática de ensino para identificarem áreas de força e crescimento.

- Impacto na aprendizagem e no empenhamento dos alunos

O impacto das práticas inovadoras de ensino da matemática na aprendizagem e na participação dos alunos é profundo e multifacetado. Eis algumas das principais formas em que as estratégias de ensino inovadoras influenciam positivamente os resultados dos alunos:

i. **Compreensão concetual profunda:** As práticas de ensino inovadoras, tais como a aprendizagem baseada na investigação e a exploração prática, promovem uma compreensão concetual profunda dos conceitos matemáticos. Ao envolver os alunos em experiências de aprendizagem ativa que incentivam a exploração, a experimentação e o pensamento crítico, estas abordagens ajudam os alunos a desenvolver uma compreensão mais profunda dos conceitos e relações matemáticas.

ii. **Melhoria das capacidades de resolução de problemas:** As estratégias de ensino inovadoras centram-se frequentemente na resolução de problemas e nas aplicações da matemática no mundo real. Ao dar aos alunos a oportunidade de aplicar conceitos e competências matemáticas a problemas e desafios autênticos, estas abordagens ajudam os alunos a desenvolver fortes competências e estratégias de resolução de problemas que são transferíveis para vários contextos.

iii. **Aumento da motivação e do empenhamento:** As práticas de ensino inovadoras que incorporam elementos de jogo, colaboração e escolha do aluno podem aumentar a motivação e o empenhamento dos alunos na aprendizagem da matemática. Ao tornar a aprendizagem agradável, relevante e significativa, estas abordagens ajudam os alunos a desenvolver uma atitude positiva em relação à matemática e a empenharem-se mais na sua aprendizagem.

iv. **Melhoria do pensamento crítico e da criatividade:** As abordagens de ensino inovadoras incentivam os alunos a pensar criticamente, a raciocinar logicamente e a abordar os problemas de várias perspectivas. Ao participarem em tarefas abertas, projectos baseados em investigação e actividades de resolução de problemas em colaboração, os alunos desenvolvem as suas competências analíticas, criatividade e capacidade de pensar de forma flexível em contextos matemáticos.

v. **Promoção da mentalidade de crescimento:** As práticas de ensino inovadoras promovem frequentemente uma mentalidade de crescimento, realçando a importância do esforço, da persistência e da aprendizagem com os erros. Ao criarem um ambiente de aprendizagem solidário e inclusivo, em que os alunos se sentem capazes de correr riscos e aceitar desafios, estas abordagens ajudam os alunos a desenvolver uma atitude positiva em relação à aprendizagem e a acreditar no seu próprio potencial de crescimento e melhoria.

vi. **Aumento da confiança e da auto-eficácia:** As práticas de ensino inovadoras que oferecem oportunidades de sucesso, feedback e reflexão podem aumentar a confiança e a auto-eficácia dos alunos em matemática. Ao celebrar as realizações dos alunos, fornecer feedback construtivo e promover uma mentalidade orientada para o crescimento, estas abordagens ajudam os alunos a desenvolver um sentido de confiança e competência nas suas capacidades matemáticas.

vii. **Melhoria das competências de colaboração e comunicação:** As abordagens de ensino inovadoras que incorporam experiências de aprendizagem em colaboração e oportunidades para o discurso matemático ajudam os alunos a desenvolver competências de colaboração e comunicação. Ao trabalharem em conjunto com os colegas para resolverem problemas, explicarem o seu raciocínio e justificarem as suas soluções, os alunos desenvolvem a sua capacidade de comunicar matematicamente e de se envolverem num discurso matemático produtivo.

viii. **Equidade e Inclusão:** As práticas de ensino inovadoras que são culturalmente receptivas, diferenciadas e inclusivas promovem a equidade e o acesso de todos os alunos ao ensino da matemática. Ao reconhecer e honrar as diversas origens, experiências e perspectivas dos alunos, estas abordagens criam um ambiente de aprendizagem onde todos os alunos se sentem valorizados, respeitados e apoiados na sua aprendizagem matemática.

ix. **Preparação para o sucesso futuro:** As práticas de ensino inovadoras ajudam a preparar os alunos para o sucesso num mundo cada vez mais complexo e interligado. Ao desenvolverem o pensamento crítico, a resolução de problemas e as capacidades de comunicação dos alunos, bem como a sua capacidade de se adaptarem a novos desafios e oportunidades, estas abordagens dotam os alunos dos conhecimentos, das competências e da mentalidade necessários para prosperarem na universidade, nas carreiras e no futuro.

x. **Impacto a longo prazo:** O impacto das práticas inovadoras de ensino da matemática vai além dos resultados académicos imediatos e tem efeitos a longo prazo no desenvolvimento académico e pessoal dos alunos. Ao fomentar o gosto pela matemática, promover uma mentalidade de crescimento e dotar os alunos de aptidões e competências essenciais, estas abordagens lançam as bases para a aprendizagem ao longo da vida e para o sucesso em matemática e não só.

Capítulo 14: Direcções futuras da educação matemática

- Tendências e tecnologias emergentes

As tendências e tecnologias emergentes estão a moldar o panorama do ensino da matemática, oferecendo novas oportunidades para melhorar as experiências de ensino e aprendizagem. Eis algumas das tendências e tecnologias mais notáveis que estão a influenciar o ensino da matemática:

i. **Plataformas de aprendizagem adaptativa:** As plataformas de aprendizagem adaptativa utilizam algoritmos orientados por dados para personalizar a instrução com base nas necessidades de aprendizagem, preferências e progresso individuais dos alunos. Estas plataformas fornecem avaliações adaptativas, percursos de aprendizagem personalizados e feedback direcionado para apoiar o domínio dos conceitos e competências matemáticas por parte dos alunos.

ii. **Realidade Virtual (RV) e Realidade Aumentada (RA):** As tecnologias de realidade virtual e de realidade aumentada estão a ser utilizadas para criar experiências de aprendizagem imersivas e interactivas no ensino da matemática. As aplicações de RV e RA permitem que os alunos visualizem conceitos matemáticos abstractos, explorem modelos e simulações matemáticas e se envolvam em manipuladores virtuais e actividades de resolução de problemas.

iii. **Gamificação e aprendizagem baseada em jogos:** As abordagens de gamificação e de aprendizagem baseada em jogos aproveitam os princípios de conceção de jogos para tornar a aprendizagem da matemática mais cativante e interactiva. Os jogos educativos, as simulações e as plataformas de aprendizagem digital utilizam a mecânica dos jogos, as recompensas e os desafios para motivar os alunos, promover a capacidade de resolução de problemas e reforçar os conceitos e as competências matemáticas.

iv. **Análise de dados e análise de aprendizagem:** As tecnologias de análise de dados e de análise de aprendizagem analisam grandes conjuntos de dados de aprendizagem dos alunos para identificar padrões, tendências e percepções que informam a tomada de decisões de ensino e apoiam a aprendizagem personalizada. Estas tecnologias ajudam os educadores a acompanhar o progresso dos alunos, a diagnosticar lacunas na aprendizagem e a adaptar a instrução para satisfazer as necessidades individuais dos alunos.

v. **Inteligência artificial (IA) e aprendizagem automática:** As tecnologias de inteligência artificial e de aprendizagem automática estão a ser utilizadas para desenvolver sistemas de tutoria inteligentes, chatbots e assistentes virtuais que fornecem apoio personalizado e feedback aos alunos no ensino da matemática. As ferramentas baseadas em IA podem analisar as respostas dos alunos, adaptar a instrução em tempo real e fornecer assistência direccionada para ajudar os alunos a dominar conceitos e competências matemáticas.

vi. **Quadros interactivos e ferramentas digitais: Os quadros interactivos** e as ferramentas digitais proporcionam ambientes interactivos e ricos em multimédia para o ensino da matemática. Os professores podem utilizar quadros interactivos, manipuladores digitais e aplicações educativas para envolver os alunos em actividades práticas, representações visuais e tarefas de resolução de problemas em colaboração.

vii. **Codificação e robótica:** As actividades de programação e robótica integram o pensamento computacional e os conceitos de programação no ensino da matemática. Os alunos podem utilizar plataformas de codificação, kits de robótica e linguagens de programação para explorar conceitos matemáticos como padrões, algoritmos e estratégias de resolução de problemas de uma forma prática e criativa.

viii. **Aprendizagem em linha e mista:** Os modelos de aprendizagem em linha e mista oferecem oportunidades de aprendizagem flexíveis e personalizadas para os alunos do ensino da matemática. Os cursos em linha, as salas de aula virtuais e os ambientes de aprendizagem mista proporcionam acesso a instrução, recursos e apoio de alta qualidade para que os alunos aprendam ao seu próprio ritmo e no seu próprio tempo.

ix. **Recursos multimédia e recursos educativos abertos (REA):** Os recursos multimédia e os recursos educativos abertos (REA) fornecem uma grande variedade de conteúdos digitais, incluindo vídeos, animações, simulações e tutoriais interactivos, que apoiam o ensino e a aprendizagem da matemática. As plataformas OER oferecem acesso livre e aberto a uma vasta gama de materiais educativos que podem ser personalizados, adaptados e partilhados para satisfazer as diversas necessidades dos alunos.

x. **Redes sociais e comunidades em linha:** As plataformas de redes sociais e as comunidades em linha oferecem oportunidades aos educadores para se ligarem, colaborarem e partilharem recursos e ideias no domínio da educação matemática. Os professores podem participar em fóruns em linha, grupos de discussão e redes de aprendizagem profissional para acederem a apoio, trocarem boas práticas e manterem-se informados sobre as tendências e tecnologias emergentes no ensino da matemática.

- Perspectivas globais do ensino da matemática

As perspectivas globais do ensino da matemática englobam uma gama diversificada de abordagens, práticas e filosofias que reflectem os contextos culturais, educativos e sociais de diferentes países e regiões. Seguem-se algumas ideias-chave sobre as perspectivas globais do ensino da matemática:

i. **Contexto cultural:** As práticas de ensino da matemática variam significativamente entre culturas, reflectindo valores culturais, crenças e tradições. Por exemplo, algumas culturas dão ênfase à memorização mecânica e à fluência processual, enquanto outras dão prioridade à compreensão concetual e à capacidade de resolução de problemas. Compreender as influências culturais no ensino da matemática é essencial para promover a equidade, a inclusão e a relevância cultural nas práticas de ensino.

ii. **Currículo e normas: Os** diferentes países têm os seus próprios currículos e normas nacionais ou regionais de matemática que descrevem os conteúdos, aptidões e competências que se espera que os alunos aprendam em cada nível de ensino. Embora possa haver semelhanças de conteúdo entre os currículos, existem também diferenças de ênfase, sequenciação e abordagens pedagógicas que reflectem as prioridades e objectivos educativos locais.

iii. **Métodos e pedagogias de ensino:** Os métodos e pedagogias de ensino da Matemática variam muito entre países e regiões, reflectindo diferentes filosofias educativas e abordagens ao ensino e à aprendizagem. Alguns países privilegiam a instrução centrada no professor e a instrução direta, enquanto outros promovem abordagens centradas no aluno, como a aprendizagem baseada na investigação, a aprendizagem cooperativa e a aprendizagem baseada em problemas.

iv. **Preparação dos professores e desenvolvimento profissional:** A preparação e o desenvolvimento profissional dos professores de matemática variam consoante os países, com diferenças nos programas de formação de professores, requisitos de certificação e oportunidades de aprendizagem profissional contínua. A preparação eficaz dos professores e os programas de desenvolvimento profissional são essenciais para equipar os educadores com os conhecimentos, aptidões e competências necessárias para apoiar a aprendizagem e os resultados dos alunos em matemática.

v. **Avaliação e avaliação:** As práticas de avaliação no ensino da matemática variam de país para país, com diferenças nos tipos de avaliação utilizados, na ênfase dada aos testes padronizados e no papel da avaliação formativa e sumativa na medição dos resultados da aprendizagem dos alunos. As práticas de avaliação culturalmente receptivas que têm em conta as diversas origens, experiências e perspectivas dos alunos são essenciais para promover a equidade e a justiça no ensino da matemática.

vi. **Integração da tecnologia:** A integração da tecnologia no ensino e aprendizagem da matemática varia de país para país, com diferenças no acesso a recursos tecnológicos, infra-estruturas e competências de literacia digital. Alguns países fizeram investimentos significativos em iniciativas de tecnologia educativa, enquanto outros enfrentam desafios relacionados com a fratura digital e o acesso equitativo aos recursos tecnológicos.

vii. **Comparações internacionais e aferição de desempenhos:** As avaliações internacionais, como o Programa Internacional de Avaliação de Estudantes (PISA) e o Estudo Internacional de Tendências em Matemática e Ciências (TIMSS), fornecem informações valiosas sobre tendências e padrões globais no ensino da matemática. Estas avaliações permitem que os países comparem o seu desempenho com as normas internacionais e identifiquem os domínios em que é necessário melhorar o ensino e a aprendizagem da matemática.

viii. **Colaboração e intercâmbio interculturais:** As iniciativas de colaboração e intercâmbio interculturais, tais como parcerias internacionais, intercâmbios de professores e projectos de investigação em colaboração, oferecem oportunidades para os educadores aprenderem uns com os outros, partilharem as melhores práticas e colaborarem em iniciativas para melhorar a educação matemática a nível mundial. Estas iniciativas ajudam a promover a compreensão mútua, o respeito e a colaboração entre educadores de diferentes países e culturas.

Bibliografia

1. https://ijcrt.org/papers/IJCRT1893190.pdf
2. https://www.thegaudium.com/innovative-math-classrooms-strategies-to-teach- mathematics/
3. https://www.anewdirection.org.uk/blog/10-tips-for-teachers-how-to-teach- matemática-criativa
4. http://www.waymadedu.org/pdf/Rachnamadam.pdf
5. https://www.weareteachers.com/strategies-in-teaching-mathematics/
6. https://www.cimt.org.uk/journal/nooriafsharm1.pdf
7. https://ced.ncsu.edu/news/2022/05/24/how-can-innovative-ways-of-teaching- ajudar-os-alunos-a-compreenderem-melhor-a-matéria-mais-alunos-envolvem-se-quando-são-pedidos-para-serem-centrais-no-ambiente-de-aprendizagem-diz-assist/
8. https://danielsongroup.org/the-framework-for-ensino/?utm source=google&utm medium=cpc&utm adgroup={AdGroupNa me}&utm campaign={CampaignName}&d=c&keyword session id=vt~adwords%7Ckt~classroom%20teaching%20methods%7Cmt~p%7Cta~652819483407 & vsrefdom=larsonpr&gad source=1&gclid=Cj0KCQjw2a6wBhCVARIsABPe H1v8 9rWOomAiJ1s241KCJsZzI AC9 VwPH 1 -3cLoGrOHoPwfUlpbYaAtxXEALw wcB
9. https://www.javaassignmenthelp.com/blog/innovative-teaching-strategies-in- mathematics/
10. https://www.researchgate.net/publication/337521372 Formas inovadoras de ensinar matemática São utilizadas nas escolas

Printed by Books on Demand GmbH, Norderstedt / Germany